U0894689

我不想在大海中独自醒来

水獭的哲学小书

The Little Book of Otter Philosophy

[加] 詹妮弗·麦卡特尼 著
周 唯 译

江苏凤凰文艺出版社
JIANGSU PHOENIX LITERATURE AND ART PUBLISHING, LTD

图书在版编目（CIP）数据

我不想在大海中独自醒来：水獭的哲学小书 / (加)
詹妮弗·麦卡特尼 (Jennifer McCartney) 著；周唯译
. -- 南京：江苏凤凰文艺出版社，2020.3
书名原文: THE LITTLE BOOK OF OTTER PHILOSOPHY
ISBN 978-7-5594-4508-7

Ⅰ. ①我… Ⅱ. ①詹… ②周… Ⅲ. ①人生哲学－通
俗读物 Ⅳ. ①B821-49

中国版本图书馆CIP数据核字(2020)第010697号

江苏省版权局著作权合同登记：图字：10-2020-9号

书 名	我不想在大海中独自醒来：水獭的哲学小书
著 者	[加] 詹妮弗·麦卡特尼
译 者	周 唯
责任编辑	孙金荣
策划编辑	刘小旋
责任校对	张婉宜
版权支持	张晓阳
出版统筹	孙小野
封面设计	末末美书
出版发行	江苏凤凰文艺出版社
出版社地址	南京市中央路165号，邮编：210009
出版社网址	http://www.jswenyi.com
印 刷	三河市金元印装有限公司
开 本	787毫米×1092毫米 1/32
印 张	5.5
字 数	80千字
版 次	2020年3月第1版 2020年3月第1次印刷
标准书号	ISBN 978-7-5594-4508-7
定 价	45.00元

（江苏凤凰文艺版图书凡印刷、装订错误可随时向承印厂调换）

知道如何玩耍是一种快乐的天赋。

——拉尔夫·沃尔多·爱默生

CONTENTS
目录

Part One

Part Two

我要成为一只更好的水獭，请加入我吧！

我们睡个午觉，吃个零食，游个泳之后就开始。

Part One

水獭教育

水獭哲学欢迎你

压力大？劳累过度？没时间玩耍？水獭一定有办法！

水獭是地球上最可爱的动物之一。这些又长又瘦还毛茸茸的动物在很多方面都表现出了纯粹的快乐。还有什么物种会为了好玩去建水滑梯？或是和朋友手牵手？又或是把自己裹在海藻里，这样打盹的时候就不会漂走了？这些聪明的水生哺乳动物不仅是世界（以及 YouTube[1]）生态系统的重要组成部分，在生活方式方面，它们也有很多可以教给我们的东西。

在一个执着于工作和生产力的世界里，水獭提醒着人们玩耍[2]的重要性。这些动物有趣、活泼，喜欢和朋友一起

[1] YouTube，可以让用户免费上传、观赏、分享视频短片的热门视频共享网站。——译者注

[2] 还记得人们沉迷于成人涂色书的时候吗？我们都渴望乐趣。

开怀大笑。它们可不在乎什么最后期限，不在乎谁吃了最后一块夹心糖，也不在乎收件箱里有多少封邮件。哦得了，它们对任何事情都不感到紧张。它们的座右铭是："只管玩吧。玩得开心。享受游戏。"（这也是迈克尔·乔丹的座右铭。[1]）它们可不觉得当一个成年人就得严肃正经。它们把玩耍当成自己的工作，一起大笑，一起聊天，一起打盹，让任务清单见鬼去吧。它们也以这样或那样的形式在这个星球上存在了约600万年——这无疑证明了它们生活方式的价值，不是吗？在这个常常令人感到孤独和寂寞、努力工作和生产效率高于一切的世界里，是时候来认识这些快乐而友好的动物所拥有的智慧了。

如果你近年来一直关注互联网，或是去过动物园，你可能已经有点嫉妒水獭了。我们都看过水獭牵手、玩球和咬海胆的视频（我可以毫不夸张地说，每个人都见过它们了——这些视频的点击量高达400亿次）。从你的妈妈到你最好的朋友，每个人都给你发水獭动图、水獭生日贺卡，还有描写水獭可爱行为的文章的链接。"瞧！"我们似乎在说，"瞧它们高兴的！和我一起分享这份快乐吧！"但我们

[1] 原文为："Just play.Have fun.Enjoy the game."对乔丹来说，game既是比赛也是游戏，而对水獭来说，没有比赛，只有游戏，对吗？——编者注

或许也在想：这种快乐真的可能吗？在这里，水獭哲学告诉你，可能。而且“玩耍法则”会告诉你该怎么做。那么，它们的秘诀是什么呢？它们为什么那样快乐？我们能从这些快乐而狡猾的家伙身上学到什么？接着读下去，你将找到答案。

《我不想在大海中独自醒来——水獭的哲学小书》里有很多关于水獭的科学知识，有关于友谊（朋友可以让你活得更久）、午睡和玩耍（玩耍能让你觉得更年轻）的研究，还有名人名言、原创诗歌和小测试，帮助你像水獭一样生活。[1] 本书共分为爱情与友谊、食物与饮料、休闲与娱乐、家庭与环境、工作与学校、健康与幸福几个章节，你将学到如何最大程度地把水獭哲学融入生活的方方面面。此外，玩耍哲学还将提供快速简单的方法，让你记住学过的东西。所以，准备好重新找回快乐，享受一点儿水獭式的乐趣吧。事实上，这比一群猴子更有趣。无论如何，水獭都比猴子有趣。对不住啦，好奇的乔治[2]。

---

[1] 本书还收录了许多关于水獭的俏皮话，供君欣赏。

[2]《好奇的乔治》是由马修·奥卡拉汉执导的动画喜剧电影，于 2006 年 2 月 10 日在美国上映。该片讲述了充满好奇心的小猴子乔治离开丛林来到人类世界，开始一连串新奇冒险的故事。——译者注

让我们把所有关于生产力，以及我们在资本主义制度中的地位的设想都颠倒过来！

遵循“玩耍法则”，让生活更快乐

工作是人不得不做的事，而玩耍却不是。

——马克·吐温

水獭热爱学习。它们几乎对任何事情都充满了永不餍足的好奇。因此，遵循水獭哲学的第一步，就是去学习它的关键原则，尽管它是以一种简单而有趣的方式呈现的。如今，每一本声称有用的书都需要一个简洁的缩略词，来帮助那些记忆力不济的人记住有用的东西。所以，“玩耍法则”在此：

P

扎进去（Plunge in）。这听起来可能有点奇怪，那是因为以 P 开头的激励性词语真的不多。但这里的重点是，要去拥抱各种事物，忘记不断的自我保护，当"淋湿"的机会出现时，一定要去享受它——就像水獭一样。从字面意义上讲，"扎进去"意味着如果你要去的地方有泳池、湖泊、热水浴池或是一条懒人河[1]，带上你的泳衣，绝不要带伞。（如果有风，带伞也没什么意义，如果下小雨，那就享受淋湿的感觉吧。）反正如果是雨季，你大概也只能待在室内了。从比喻意义上讲，"扎进去"意味着率性而为，尝试新事物，说到做到，全情投入——半点折扣都不打。你懂的。简单来说就是，总是对裸泳说"好的"。我知道，人们似乎只会在电影里裸泳，但如果你是年轻人或老年人，又或是介于两者之间，当某人在某个地方问你想不想光着身子跳进水里放松一下，你不会后悔答应了他。

---

[1] 懒人河是一种供人休闲的环状漂流河。——译者注

L

笑出来（Laugh about it）。严格意义上说，水獭可能不会微笑或大笑，但它们很快乐，很爱玩，大部分时候看上去都很享受生活。能够看到事物有趣的一面是一项重要的应对机制。在我们的至暗时刻里开怀大笑，这是一种处理生活难题的健康方法。当我的父亲在公共场合摔倒时（他患有帕金森病），他经常开玩笑说这样做是为了引起注意（尤其是女士们的注意，她们会冲过去扶他起来）。事实上，如果你能做到的话，黑色幽默是应对可怕事情的最佳方式之一，也是处理日常生活中偶然出现的蠢事的好方法。当然啦，当事情真的很有趣的时候，大声笑出来是世界上最好的事。不是在键盘上敲出 LOL[1]，而是真正的咯咯笑、大声笑、尖声笑或是狂笑——当你真正快乐的时候，不用管发出了什么声音。而且哪有什么严肃的事情？我的意思是，我知道很多事情都很严肃，我也不是教你把对我们来说真正重要的事情视作微不足道。但我们都快死了，不妨在路上找点乐子吧。

---

[1] LOL（也写作 lol）是一个网络流行语，是“laughing out loud”或“laugh out loud”（大声地笑）的首字母缩写词。——编者注

A

问原因（Ask why）。这一步是培养好奇心。好奇心意味着我们与世界接轨，并确保我们的大脑总是在学习新事物，反过来，这也能让我们保持活力。当你和孩子们在一起的时候，你知道他们会问你诸如“黄色是由什么组成的？”以及“你最喜欢哪种鸟？”之类的问题。当你看着水獭玩耍的时候，你会发现它们也有同样的好奇心，它们对不同的石头、游动的鱼、玩具球和彼此都很感兴趣——它们目之所及的一切都值得研究。这就是我们都应该去追求的那种好奇心。为什么事情是这样的？你对那件事看法如何？那个人是怎么想的？对日常生活中的小事保持好奇，然后去寻找答案，这是一个不错的练习方法。对一个演员、一本书、历史上的某一天，或者电流的任何想法都可以，去查查看。你坐火车经过了一座奇怪的城堡，或是不同寻常的塔楼？去查查看。参与进来。[1]

[1] 除非你喝得酩酊大醉，透过火车车窗看到了一起正在进行的谋杀。那个最好还是别管了。

Y

及时行乐（YOLO[1]）。（我发现这也是一个缩写。）它代表“你只活一次”。就我们所知，这件事是真的。除非我们都在矩阵里，过着模拟数字人生——这也是可能的，否则我们只有一次生命。不管生活抛给我们什么，我们都只能活一回。所以无论你在做什么，一定要确保它是值得的，并且是你喜欢的。对压力大的父母来说，要记住，抚养孩子是将来会有回报的事情（最有可能的情况是，孩子们上学后，他们开始给你发短信，告诉你他们有多想你）。这不是自私自利，也不是为所欲为。我们仍然有要履行的社会义务，也被要求成为好公民，参与社会生活。不过这的确意味着得有一点洞察力。你害怕做什么？最坏的结果是什么？开始你的播客，爱上你的脸蛋，摆脱那些“有毒”的人，养条狗，吃根冰棍，最好是在泳池里光着身子大笑——毕竟“扎进去”可是玩耍哲学的四大原则之一。你以为只有一家冰棍制造商吗？还是你觉得有一个由私人木材公司和木材厂组成的网络，它们在每个国家里分

[1] YOLO（you only live once）“你只活一次”，引申为“及时行乐”之意。——译者注

发木棍？[1]

鉴于你已经了解了“玩耍法则”，现在可以准备学习一些令人大吃一惊的水獭知识，让自己沉浸在革命性的水獭哲学中了！

让我们手拉手一起跳水吧，怎么样？

[1] 显然，冰棍的发明纯属偶然，1905 年，当时 11 岁的弗兰克·艾普森把饮料和搅拌棒留在了门廊上，一夜过后，第二天早上，他吃到了一个内置把手的冰冻美味。“棍上的冰”诞生了。这就是好奇心带给你的东西。下次鸡尾酒会上，你可以讲讲这件有趣的事……

我毛茸茸的肚子就是你的游乐场。

玩得开心哦！

Quiz / 小测试

你是哪种水獭

1. 说到小玩意儿、工具和电子产品，你是下列哪种情况：(　　)

   A. 你拥有一切物品的最新型号——电动牙刷、电动汽车，手腕上还戴着 AI 芯片。

   B. 你有一套餐具，还有一台电视。

   C. 你花钱雇人帮你组装东西——你永远不需要工具……等等，你还是有一把螺丝刀的。你还把鞋底当锤子使。

2. 以下哪种情况最能描述你的假期生活？(　　)

   A. 早上 6 点起床，查看工作邮件。

B. 在泳池边喝椰林飘香[1]。要是喝醉了，就晚点再查看工作邮件。

C. 你的生活就是一场永不结束的假期，也就是你们所说的失业。

3. **在玩耍时间，你更倾向于：(　　)**

A. 背着降落伞跳下飞机，或者拴着蹦极绳跳下悬崖。

B. 成人涂色书——它们算不算玩耍？你的治疗师推荐的……

C. 躺着玩手机游戏。

[1] 由白朗姆酒、凤梨汁和柠檬汁调制而成的一款鸡尾酒。——译者注

Answers/答案

大部分是 A：极致的水獭。你是一只充满活力的水獭，都快变成蜂鸟了。别忘了，生活不需要安排，甚至也不需要拼命。玩棋类游戏就像徒手攀上一座峭壁一样值得。所以，读一读水獭的“玩耍大全”，放松一下。

大部分是 B：水獭式生活。你全身心地投入到工作、娱乐和任何你决心要做的事情中，但你也知道我们很快就会离开人世，没有什么是那么重要的。对待生命，你有一种良好的、平衡的心态。

大部分是 C：晕乎乎的水獭。你非常懒散，几乎就像一只树懒。但你也有一些了不起的水獭特质——有独创性，喜欢放松，还有幽默感。继续保持，但不要忘了，为了更好地玩耍，水獭有时也得工作。

一群水獭在河里休息。水獭也喜欢绕口令哦。[1]

[1] 原文为："A raft of otters at rest in the river." 读起来像绕口令。——译者注

Part Two

水獭哲学
实用指南

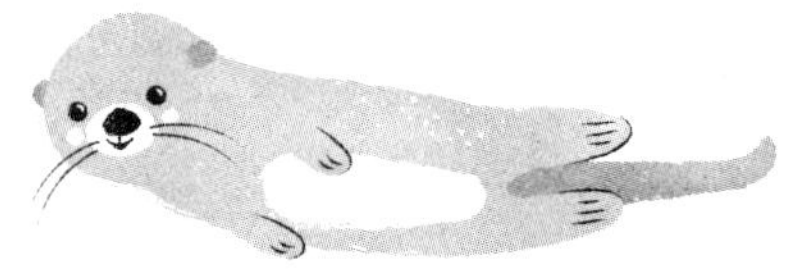

爱情与友谊

神圣的友谊之情，其性质是如此甜蜜、稳固、忠诚、持久，可以维系终生，只要不向你开口借钱。

——马克·吐温

爱是唯一能够化敌为友的力量。

——马丁·路德·金

走进新世界

水獭小知识： 水獭喜欢和其他物种交朋友。这些不大可能建立友谊的对象包括猫、山羊、狗，在某些情况下，还包括人。芬兰的一只水獭从 2011 年起就一直去他的人类朋友那里串门，以寻求食物和陪伴。另一只叫皮普的水獭则喜欢和主人的宠物猫萨姆玩捉迷藏。

在一个经常出现政治分歧，也见惯了孤独与冷酷的世界里，水獭提醒我们，与不同于我们的人交朋友是可能的（也是有益的），尽管这有时候会很难——《人格与社会心理学》杂志2016年的一项研究发现，我们天生就会选择志趣相投的朋友和伴侣，也更愿意拥有一个让每个人都轻松自如的舒适社交圈。这很好——但也有缺陷，研究者提醒说，这种对相似性的追求会导致人们对新想法和新观点的接触不足：“如果你只和像你一样古怪的人玩，你可能就脱离了美丽的大千世界。”堪萨斯大学心理学教授克里斯·克兰德尔如是说。所以，为了开阔眼界，走出你的舒适区吧！去挑战自己，和与你有些不同的人聊聊天。他们说的是另一种语言吗？他们热衷于健身、肉馅饼还是英国脱欧？谁知道呢，也许这就是一段美好友谊的开始。

水獭和小猫都爱玩橡皮球，爱吃鲭鱼零食，

也爱午后依偎在一起。

它们还喜欢摆姿势尬拍。

牵手的神奇功效

水獭小知识：水獭睡觉的时候会手牵着手，理论上这是为了防止自己漂走，毕竟谁愿意独自一人在茫茫大海中醒来呢？水獭可不乐意。或许牵手睡觉也让它们觉得很棒，反正看着它们牵手的感觉的确不错。

一段关系中最大的乐趣之一，就是给予和接受一些小小的亲昵。无论是和你最好的朋友在沙发上腿缠着腿，还是在拥挤的火车上与同伴肩擦着肩，又或是与父母或祖父母来一个充满爱意的拥抱，这些爱意的表达都让生命变得愉悦，也让我们变得更健康。迈阿密大学医学院触感研究所所长蒂芙尼·菲尔德教授称，接触“会导致生物电与化学上的一系列变化，从而放松神经系统”。也就是说，一个简单的触碰会释放一种令人感觉良好的荷尔蒙催产素，并降低主要的压力荷尔蒙皮质醇的水平。因此，像牵手这样简单的事就可以降低血压、减轻压力、平缓心率，其效果也是持久的。研究表明，亲昵动作对精神的益处会持续到第二天：今天的一个拥抱就能让我们明天的心情变得更好。所以，像水獭一样，向别人表达你有多在乎他吧。一只宠物、你最好的朋友、爸爸妈妈、毛绒玩具。无论怎样都可以！去给你爱的人一个拥抱吧。[1]

[1] 未经同意，不要拥抱陌生人、同事或是随便触摸他人。可别做讨厌鬼。

比起握手，水獭们更喜欢抱抱。

沟通之术

我曾在维京群岛遇到了一个女孩。我们吃龙虾，喝凤椰汁。日落时分，我们就像海獭[1]那样做浪漫的事。那真是美好的一天。我为什么就不能重复过那一天呢？

——比尔·莫瑞[2]

水獭小知识：水獭是一种相当健谈的动物。它们交流时有九种不同的发声方式，分别是：吹口哨、唧唧喳、咯咯笑、咔嗒嗒、咕咕叫、嘎嘎响、大声喊、低声嗥。

[1] 水獭和海獭同属水獭亚科，但在外形和生活习性上均有明显差别。本书中出现的水獭和海獭的译文均遵循英文原作而来。此书的主旨是想把它们的可爱之处和生活智慧介绍给读者，无意混淆这两种动物。后文中出现的河獭亦属同理，特此说明。——编者注

[2] 比尔·默瑞（Bill Murray），美国喜剧演员、导演、制作人、编剧。——译者注

显然，沟通是任何一种成功关系的关键。幸运的是，我们能够通过短信、视频、电子邮件和在线私聊与我们所爱的人实现24小时即时沟通。传统的打电话也是一种方式，当然了，我们甚至偶尔还见个面。可为什么有时仍觉得沟通很难呢？我们为什么会感到与所爱之人疏远，或是被误解、被忽视，得不到满足呢？就像生活中的其他事情一样，良好的沟通也需要练习。

阿什福德大学心理学教授米歇尔·罗斯–梅杰斯博士称："身为人类，我们渴望感到自己有能力、有价值、被欣赏。积极的话语具备这种力量，它为建立强大、有效的关系奠定了坚实的基础，这些关系对清晰的沟通渠道很重要。"因此——这可能听起来显而易见，成功沟通的一部分因素就在于偶尔对你在乎的人说些好听的话，要做到这一点，使用"肯定性语言"是个办法，《爱的五种语言：创造完美的两性沟通》一书的作者盖瑞·查普曼如是说。这意味着要尽可能多地说一些善意和鼓励的话——包括主动赞美、表达感激，或是示爱。这条建议不仅会让个人感觉良好，科学证明，这也会让双方都感觉更好。

在安德鲁·纽伯格和马克·罗伯特·沃尔德曼合著的《话语能改变你的大脑》一书中，两位作者发现，表达和听取积极的话语都能增强人的认知推理能力，加强我们的额叶功能，并促进我们再次做出激发肯定话语的行为。因此，下次你想要发出赞美时，别忘了让你的朋友或伴侣知道。“你泡的那杯茶真好喝！今天玩水滑梯很开心！我很感激你的建议，让我知道得时不时拔一下下巴上的汗毛！”诸如此类的好话，你懂的。如果你在发短信，别忘了加感叹号。在 2016 年的一项研究中，心理学家丹妮尔·古纳伊发现，句末加句号被认为是不真诚的。相反，语言学家发现，多个感叹号能够表达诚恳。

让我们用开玩笑的方式交流一下

如何建立成功的长久关系。

长久关系的秘诀

水獭小知识：虽然很多水獭都是一夫多妻制，但有些河獭是有终生伴侣的。亚洲的小爪水獭只选择一个伴侣，并永远和对方在一起。

水獭是如何维持长久关系的？我们不能直接问它们，但可以肯定的是，其中包含了很多嬉闹和玩耍。美国国家游戏学院（The National Institute for Play）院长、精神病学家斯图亚特·布朗博士认为，轻松愉快的亲密关系有助于双方保持健康。“相比于那些非常严肃的夫妻，会相互嬉闹的夫妻往往能更好地解决关系中出现的问题。”他在接受美国国家公共电台采访时表示。幽默感也很重要。据伊利诺伊大学厄巴纳－香槟分校人类发展与家庭研究学教授布莱恩·奥戈尔斯基的研究，用幽默化解矛盾的夫妻比不这么做的夫妻更有可能长相厮守。但这和搞笑无关，他指出，这是关于我们如何在面临压力时使用幽默——将潜在的消极互动转变为积极互动。

最后，和你爱的人一起进行有趣的活动会对你们的关系有益，这个显而易见的事实是有科学依据的。一项名为“婚姻关系中的配合、闲暇与满足”的研究发现，夫妻关系能从闲暇时间中受益的前提是夫妻双方都享受正在进行的活动。（也就是说，如果有一个人不喜欢[1]，实际上整个关系都会受到影响。）因此，找到你们的共同爱好，并为它们腾出时间：晒日光浴、逛美术馆、玩飞镖、看电影、拯救大象（哈里和梅根会做得不错的[2]）。只要你们都喜欢就好。

[1] 比如高尔夫球。抱歉，老爷爷，那太无聊了。

[2] 指英国的哈里王子和妻子梅根，两人曾在非洲照顾大象。——译者注

当我发给你那张动图时，

我是认真的哦。

醉醺醺的友谊之网

让我们在友谊的甜蜜中欢笑，分享快乐吧！因为在琐事的露珠中，心灵找到了它的清晨，恢复了活力。

——纪·哈·纪伯伦

水獭小知识： 水獭会用海藻把自己包裹起来，这样它们打盹的时候就可以固定身体了。

我们曾在加拿大卡尔加里市中心的弓河上，看到一群晒得很黑的人正乘着内胎漂流。他们约有20人，每只轮胎都相互连接，每个人手里都拿着一罐百威啤酒，只有少数人像是在打盹。装着更多啤酒的泡沫容器漂在他们身后，也用绳子拴着。厕所？不重要。手机？不重要。防晒？看上去不需要。我们听到的只有笑声、谈话声和河水把他们冲到下游时令人愉悦的潺潺声——一张醉醺醺的神奇友谊之网。这种对打盹和娱乐、饮酒和友谊的专注，绝对值得为之奋斗。怎样才能提高你的午睡质量呢？一床重力毯？一滴褪黑素？一张吊床？一个抱枕？你的朋友呢？是时候去扔斧头[1]了？或者去划独木舟？简单地泡个吧？随你的心意，我希望你能享受到和最好的伙伴们一起，在河中的内胎护卫队里纵酒狂欢的快乐。这就是友谊的组成部分。

---

[1] 加拿大一些“飞斧酒吧”中会有的活动，喜欢这种刺激运动的人会在瞄准之后将锋利的短柄小斧和双刃斧向彩色的木制靶眼投过去。——译者注

比裹床单好玩多了。[1]

[1] 缠着它的是海藻，可不是脱轴了的磁带。

最好的也可能是最坏的

当面扎刀的是真朋友。

——奥斯卡·王尔德

水獭小知识： 水獭可能看起来很柔软，让人想抱一抱，但它们仍然是危险的野生动物。它们会咬人，有时候还有恋尸癖[1]。雄性水獭经常会咬伤和淹溺它们的伙伴。

[1] 哎呀！

我们喜欢爱上水獭的感觉。看着它们是甜蜜的、快乐的、有趣的。然而……（参见上文）。这是一个很好的提醒，有时我们爱的东西会令我们感到失望和惊讶，甚至还会伤害我们。这种失望是巨大的，却不过是生活的真相，也是与其他生物产生关系的结果。人无完人，他们有种种问题，他们会做我们不能赞同或是无法原谅的事，他们有时候是浑蛋。而通常情况下，这些行为是不会改变的。水獭哲学认识到了这一点，并弄明白了什么是我们可以接受的。这无关乎原谅那些不可饶恕的行为，或是为虐待行为辩解，而是承认了人们将会以种种方式使我们意外，无论是好的还是坏的，那就是生活的一部分。我们生来如此。因此，如果你是那个让别人失望的人，别对自己太苛刻，如果情况相反，也别对他们太苛刻。道歉也好，原谅也罢（或者都不是，而是搬去了一个更健康的环境），但请记住，即便是自然界里最好、最可爱的东西，有时也是彻头彻尾的浑球儿。

世界各地的水獭神话

世界各地的民间传说中都有水獭的身影。从冰岛到伊拉克，再到北美西海岸的土著民族，水獭以它的淘气、顽皮和变身能力而备受尊崇。

- 库尼科是几则米克马克[1]民间故事的主角。和水獭一样，他大部分时间都在闲荡，惹是生非，还捉弄他的动物同伴。不过他从来没有恶意。恶意可不是水獭的处事方式。

- 在琐罗亚斯德教[2]文化中（信众主要居住在伊朗和印度），水獭被认为是神圣的。事实上，它们被称为水狗，并被认为是许多只狗的化身。简单来说，一只水獭就是数百万只很棒的小狗融合成的新生命——它大概是个非常好的孩子。

---

[1] 北美的一个印第安部落。——编者注

[2] 琐罗亚斯德教是伊斯兰教诞生之前西亚最有影响力的宗教，古代波斯帝国的国教，曾被称为“拜火教”。——译者注

- 在北欧神话中，《水獭的赎金》讲述了三位神为了水獭的皮毛而杀掉了它，却发现那只水獭是一个男人在白天变的。当那个男人的家人发现这桩谋杀后，他们便要求猎杀了水獭的神付赔偿金，以偿还其罪恶。

- 在日本的石川县，流传着水獭变成年轻美女的故事。这些水獭女会说隐语，还会做恶作剧，比如捉弄路人去同石头和树桩相扑。它们偶尔也会杀死和吃掉接近它们的男人。故事转向暗黑系了，嗯？

当生活如此“可口”的时候，

我是很难发脾气的。

食物与饮料

你所需要的就是爱。但偶尔吃一点巧克力也无妨。

——查尔斯 · 舒尔茨[1]

无须银汤匙，你也能够享受美食。

——保罗 · 普鲁德霍姆[2]

[1] 查尔斯·舒尔茨（Charles M. Schulz），史努比系列漫画作者。——译者注

[2] 保罗·普鲁德霍姆（Paul Prudhomme），美国明星厨师，出版过多本烹饪类的书。——编者注

你想要怎样的餐桌

水獭小知识： 水獭喜欢仰躺在水面上吃东西。

罗纳德·里根曾经说过，“你可以通过一个人吃软糖的方式来了解他的性格”，这正是水獭哲学试图避免的那种胡说八道的评断。水獭更喜欢舒适，以便更好地享用它的点心。我们中有谁不是一边在身上放着一桶冰激凌，一边舒舒服服地裹在毯子里看我们最爱的节目？又或是在膝间塞着零食和饮料，方便我们开车时取用？水獭哲学让我们放下社会要求的“应该”，而要去使用我们已有的东西。我们都得吃饭，而有时候，放下对我们应该如何吃饭的评判是很好的。“哦，陛下，您喜欢用餐巾布装饰好的餐桌吗？你这只獾[1]”这样的态度可不是我们赞同的。

伯莎打盹之后

有只水獭叫伯莎，
吃鱼吃到停不下。
吃到肚子圆鼓鼓。
为了恢复便漂浮，
然后决定吃点心。

[1] 獾觉得自己很时髦。

别拒绝油炸蝎子饼干

水獭小知识：水獭主要吃从水里找到的东西，比如小龙虾、青蛙和螃蟹。但有时为了找乐子，它们还吃兔子，或者老鼠。甚至还会吃一两只鸟。

水獭哲学就是去拥抱新事物，其中就包括我们吃的东西。因此，如果你在参加一个活动，有人给了你一块油炸蝎子饼干，吃了它吧。对每件事都说“好”。只要你能敞开自己，世界是广阔而美好的，你永远不知道外面有什么在等着你。在冰岛，你可能会吃到小须鲸肉排或是发酵的鲨鱼；在伊魁特或多伦多，是生食海豹；在英国的一些地方，是油炸巧克力棒；或者在土耳其，有世界上最棒的果仁切糕。无论你在哪里，一定要享受当地的美食。但你不必为了享受新事物而去很远的地方。城里有没有新开的餐馆？去查查看。加油站里有山羊肉调味的肉干？买了就吃。罐装喷雾奶酪？[1]送进嘴里。新鲜体验是让你保持年轻、活泼、快乐和开放的关键。

不幸的弗雷德

有只海胆弗雷德，
心满意足蜷在床。
这时来了只水獭，
要在深水觅食吃。
弗雷德被消化了。

---

[1] 欢迎来到美国。

已经连续翻了 41 个跟头了，拉里。

我们现在可以吃午饭了吗？

脏乱与享受

水獭小知识：水獭吃东西的时候相当邋遢。它们用有力的爪子把鱼撕开，或是用石头砸开海胆壳。这意味着海鲜的碎屑会弄得到处都是。而且它们一吃就是几个小时，所以你可以想象它们留下的一片狼藉。

水獭哲学鼓励人们随心所欲地吃东西，这是大自然的旨意。说起我们自己的饮食习惯，我们能从这只幸福得不修边幅的水獭身上学到很多东西——因为根据科学研究，让每一顿饭都变得欢乐一点、混乱一点，有助于我们对食物形成一种健康的态度。例如，莱斯特郡德蒙福特大学的研究人员让孩子们寻找埋在土豆泥和果冻里的玩具，继而发现那些渴望做食物游戏的孩子不太可能挑食。[1]一些餐厅评论家对自己在一顿大餐中毁掉衬衫、桌布、领带或是口红的能力倍感自豪。对这些热爱食物的人来说，餐桌的脏乱程度和他们的享受程度成正比。当一道美味的菜肴出现在他们面前时，他们可没空细嚼慢咽，也没空小心翼翼地挑起一丁点儿食物，更没空用纸巾轻轻擦拭。有一个练习这一技巧的好方法，那就是点上或是烹饪那些脏乱得出了名的东西。一大桶蟹腿、一大碗拉面、鸡翅、玉米棒子、一个玉米煎饼。扎进去。感受你脸上的油脂、酱汁、黄油和肉汤，看着它们在你的桌子上、衬衫上、手上流得到处都是。抑制住拿餐巾的冲动。吃一顿饭有时会有点混乱，但你能从中得到很多乐趣。

[1] 在这项研究中，一些可怜的孩子拒绝把手弄脏。可能他们现在都是会计师或者衣橱收纳专家吧。

它可能是在享受一杯“本和杰瑞[1]”牌冰激凌吧。

[1] 仅次于哈根达斯的美国第二大冰激凌制造商。——编者注

偶尔想到水就可以了

水獭小知识：“otter”（水獭）一词来自古英语的“oter”或“otor”，而这两个词又源于更古老的原始印欧语“wodr”。“wodr”？它当然是水的意思啦。

水使水獭成为水獭。它在水里生活，在水里打盹，几乎所有事情都依赖水。事实上，水是一切生命的关键。它存在于我们的细胞、骨骼和大脑中，在里面四处晃荡，并在我们忙于工作时，滋养着我们内心的小小空间。我们知道，这对我们是有好处的。水占我们身体的60%，因此它一定很重要。但现在有很多人指出，我们喝水喝得不够多。有一种在线计算器可以根据体重显示一个人一天需要喝多少杯水，还有那些关于“有口渴的感觉甚至就代表你已经缺水”的文章。听说为了健康，一个人每天只需要喝八杯水，这可能会让人觉得有点气馁。尤其是当你昨天喝的只是咖啡、四杯葡萄酒，和伴着布洛芬药片服下的一些气泡水。不过，水獭哲学当然不会对此进行评判，它所要求的只是你偶尔想到水就可以了。在水里游泳，在水里洗澡，向水表示感谢。因为它具有很棒的润滑、保湿、调节、缓冲和清洁功能。在你记起来的时候，偶尔去喝一杯水。现在可能就是最好的时机。

经典款水獭鸡尾酒

说到酒，水獭倒没什么昂贵的品位。相比于担心自己的杯子里有什么，它们更感兴趣的是和朋友们社交。实际上，它们喝任何东西都行。知道了这一点，我再给你来一杯水獭最爱的鸡尾酒——海风。简单，清新，配合海景享受更佳，如果还有一些野生动物就更理想啦——要是你足够幸运的话。

成分：4 盎司（120 毫升）伏特加
2 盎司（60 毫升）蔓越莓汁
1 盎司（30 毫升）西柚汁
一瓣柠檬

方法：将伏特加、蔓越莓汁和西柚汁混合加冰，再加一瓣柠檬。

休闲与娱乐

我们不是因为变老而停止玩耍；我们是因为停止玩耍才变老。

——乔治·伯纳德·萧

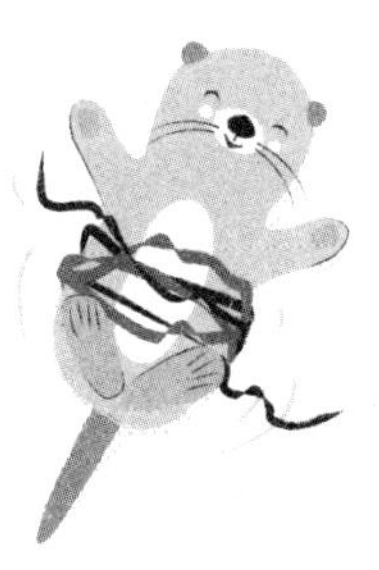

让结果见鬼去吧

水獭小知识：水獭爱玩。它们能和别人玩得很好，也能自己玩。这就是水獭看起来总是那么快乐的原因吗？

水獭哲学承认玩耍的好处，并在我们的日常生活中为玩耍腾出时间。对成年人来说，玩耍是一种减轻压力和增加幸福感的疗愈方式。《欧洲幽默研究》杂志（没错，真有这本杂志）的一项研究发现，一个人越会玩，他对生活的满意度可能就越高。《休闲科学》杂志 2013 年的另一项研究发现，会玩的人压力水平较低，而且“不太可能采取消极、回避和逃避策略”。国家游戏协会（是的，这个协会也存在）的创始人斯图尔特·布朗博士称，对我们中那些生活得太过严肃的人来说，这是有一定后果的：“你会开始看到，和一个在其他方面都很有能力，却被严重剥夺了游戏时间的成年人待在一起没什么意思。”他在接受美国国家公共电台采访时警告道，“你会开始看到，工作中的坚持和快乐减少了，生活也变得更加艰辛。”是不是听起来像你认识的人？

“玩”由什么构成因人而异，但一般来说，如果你感觉像是在工作，那就不是玩。如果你关注的是结果，那也不是玩。玩就是为了某件事本身而去做它，让结果见鬼去吧！它可能是包括集邮、读书、踢足球、攀登珠穆朗玛峰在内的任何事情。所以，下次当你觉得有压力，并发现自己正在伸手拿一大瓶巴克法斯特[1]或是电视遥控器（逃避策略）时，或许你可以考虑跳到水坑里去，或者玩手机游戏，或者去爬山。从长远的好处来看，这是值得的。

[1] 一种滋补型葡萄酒。——译者注

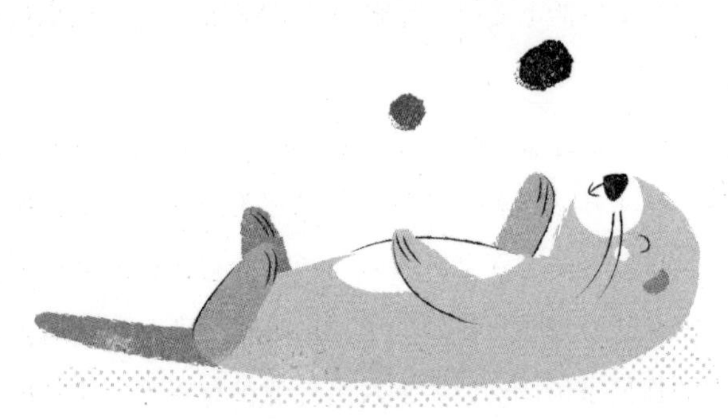

多亏了这些有趣的石头，我再也感觉不到

世界的重担压在我肩上了。

不收门票的迪士尼

我很聪明，当我骗大多数人相信我已经长大的时候，我其实从来就没有长大。

——玛格丽特·米德[1]

水獭小知识：水獭喜欢水滑梯。对这些家伙来说，潮湿、泥泞的河岸就像迪士尼乐园一样，只是人要少些，也不收门票。如果没有可用的泥堆，

[1] 玛格丽特·米德（Margaret Mead），美国人类学家，美国现代人类学形成过程中最重要的学者之一。先后提出文化决定论、三喻文化理论和代沟理论，被誉为“人类学之母”。——译者注

它们也会用雪堆代替。先稍微助跑一下，然后趴着滑到底部，接着再来一次。[1]

水獭哲学就是要找到你的水滑梯。这并不是那种鼓励你去生态树屋里“找到你的幸福”的做作的激励语，也不是要你去购买昂贵的成人玩具[2]或是前往什么花里胡哨的地方。毕竟，当我们还是个孩子的时候，游戏时间并不总是意味着坐在一只装着很多玩具的沙盒里——它意味着在牛奶里吹泡泡，做侧手翻，把蟋蟀捉到玻璃罐里（如果我们有点反社会人格的话），以及发现云的形状（在我长大的地方，天上住着很多巫师）。它是我们在日常生活中认识到乐趣的机会，并欣然接受它们——就在此时此地。去附近的公园里荡秋千？去吧。看到一堆叶子？踢它两脚。在候诊室里玩填字游戏？横 8 那个词可能是双簧管。鸡尾酒吧在出售新款马克杯或 T 恤？你懂的。用童年时的眼光看待这个世界，或者像水獭一样，留心有趣的事情，给自己即时奖励，偶尔大笑一下，还有，拥抱你的水滑梯，每一天。

[1] 一些不开心的研究人员提出，水獭是将水滑梯作为一种便捷的出行方式，而不是为了玩耍。得了吧。

[2] 高尔夫球棍，卡丁车，昂贵的吹风机。

嗖！滑进星期一咯！

主要还是因为水獭没有工作。

泥土的力量

创造新事物靠的不是智力，而是源于内在的游戏本能。

——卡尔·荣格[1]

水獭小知识： 潮湿的河岸上都是泥。这意味着水獭在玩耍的时候会把自己弄得脏兮兮的。

[1] 卡尔·荣格（Carl Gustav Jung），瑞士心理学家，创立了荣格人格分析心理学理论。——译者注

你上一次把自己弄得很脏是什么时候？对我来说，是大学时的一个朋友问我想不想在雷雨天里滑泥。那是在大家都喝了几杯龙舌兰之后，所以在场的所有人都同意了。我们穿着自己最旧的运动裤和T恤跑到雨中，溜来滑去，互相甩泥，表现得既愚蠢又畅快。在户外，远离了空调和干净的地板，待在一个满是泥巴和醉醺醺的朋友的环境里，我们拥抱了一点自然，身上沾满了泥。而且，根据科学研究，这么做让我们患病的可能性也变小了。

那些在泥土中发现的微生物能促进我们的免疫反应，让我们保持健康。芝加哥大学微生物中心主任、《污垢也有益：细菌对孩子免疫系统发育的好处》一书的合著者杰克·吉尔伯特教授如是说。例如，2016年发表在《过敏与临床免疫学》杂志上的一项研究发现，与在城市长大的孩子相比，生活在小农场的阿米什[1]儿童患过敏和哮喘的概率更小。另一项发表在《儿科学》杂志上的研究表明，那些父母用舔舐来“清洁”奶嘴的孩子患哮喘、过敏和湿疹的概率比那些奶嘴经过消毒的孩子更小。这一理论说明，农场里的孩子和那些使用了不太干净的奶嘴的孩子会接触更

[1] 阿米什人是生活在美国和加拿大安大略省的一群基督新教再洗礼派门诺会信徒，以拒绝汽车及电力等现代设施，过着简朴的生活而闻名。——译者注

多的灰尘——以及灰尘中含有的健康微生物，而这种接触会使他们的免疫系统适应、进化并变强。这一课很简单：偶尔把自己弄脏，舔舔奇怪的东西。它不仅有趣，也对你有益。就像吉尔伯特教授说的："要想救一条狗，就让它们吃地上的食物，在泥土里玩耍。泥土是好东西！"

拍完这张照片，就要脱掉靴子了！

允许白日做梦

我们在生活中都需要空闲时间，否则我们将无暇去创造、去梦想。

——罗伯特·科尔斯，美国儿童心理学家

水獭小知识： 水獭每天都要玩上几个小时。具体几个小时？这可不是一门精确的科学：当它们的即时需求得到满足时，它们游手好闲的情况会多一些，而当食物匮乏或是雌水獭正在哺乳时，这种情况就会少一些。

想象一下，在一个事事以金钱和生产率为衡量标准的世界里，如果我们把时间和精力放在……玩乐上，就像我们留出时间冥想、做家庭作业，或是上社交媒体一样——拨出我们一天中的一小部分。这样做的好处是相当惊人的：幸福感和创造力都提升了。

那么，玩多长时间会对你的整体幸福有益呢？嗯，水獭哲学可与精确测量和提前规划无关，但每天两个半小时似乎是一个不错的目标。2019 年发表的一篇题为《时间的匮乏与充裕对生活满意度的影响》的论文发现，对那些有工作的人来说，两个半小时的空闲时间对应的幸福感最高；而对那些不工作的人来说，只有“仅仅”不到五个小时的空闲时间是让他们最开心的[1]。在一天里找出这些空闲时间，做什么都行，这看似是一个不可能实现的目标，但玩耍时间可以让你更快乐、更满足。所以，写一封信，买一套彩色马克笔，在公园里散散步，逛逛书店，给你的植物浇水——也许这也是个画画或写书的好机会。2012 年发表在《心理科学》杂志上的一项研究“来自走神的启发：心

[1] 水獭不穿睡衣，但可以肯定的是，这是一件受水獭认可的人类服装，尤其是当你失业或休假的时候。当然了，什么都不穿是最好的。

不在焉有助于创意孵化”发现，空闲时间实际上可以让我们更有创造力。当大脑被允许漫游、做白日梦和自由联想时，有趣而不寻常的联系就会产生。嘭！你现在是个艺术家了。恭喜。

“你有贝壳吗？”

“自己钓去。”

“好嘞。”

你不懂钓鱼

要耐心冷静，没人能在愤怒中捕到鱼。

——赫伯特·胡佛[1]

水獭小知识：水獭喜欢捕鱼。尽管它们通常更喜欢行动缓慢的食物，比如软体动物、螃蟹和海胆，但新鲜的鱼是水獭均衡饮食中一个健康的组成部分。

[1] 赫伯特·克拉克·胡佛（Herbert Clark Hoover），美国第31任总统。——译者注

如果你曾经钓过鱼，你就会知道这是一项多么独特而放松的活动。它是沉思的、缓慢的，并且很大程度上是不必要的（如果你住在超市附近的话）。像钓鱼这样的冥想式消遣，是成年人“玩耍”的经典方式。这不完全是孩子们的游戏，但肯定也不是工作。事实上，只要你是享受的，连叠衣服这样的事都能让你从日常工作中得到一丝喘息。徒步、编织、跳舞、陶艺、木工——所有这些活动都介于玩耍和工作之间。在一个充斥着极为严重的问题的世界里[1]，当你没有时间愉快地玩耍时，这些受水獭认可、并非完全无意义的活动可以成为拥抱水獭哲学的简单方法。举个例子来说，钓鱼在许多方面都对垂钓者有益：它提供了待在户外和体育运动的时间，增加了维生素 D 的摄入，并让人的精神和情绪得到休养。事实上，芬兰 2009 年的一项研究发现，和不钓鱼的人相比，钓鱼者的死亡率要低 22%。研究还发现了另一件令人惊讶的事实：相比不钓鱼者的伴侣，钓鱼者伴侣的死亡率要低 35%。因此，这些冥想类活动不仅对你自己的健康有益，值得注意的是，它对你的爱人也有好处。

[1] 比如交水电费，还有被人剧透电影。

你见过画得比这更可爱的鸟吗？

看看吧。有时候生活还是美好的。

欢乐颂

当你感觉自己就像水獭，
做更好的儿女，
母亲或妻子，男人或猛兽，
烤面包时就要多放酵母……
还要做家庭作业！
或是开始尝试！
或是搞定事情！
不久之后……
压力逼近，
你被压垮。
要做的太多，
这件，那件，还有另一件。

那就起来吧，亲爱的，面对这一天，
下决心把时间都花在玩耍上：

伸个懒腰，
混混日子；

打打小球，

无所事事；

画画涂色书，

角落搭城堡；

来点起泡酒，

玩完就小睡。

“没有乐趣算什么生活？”

当一天结束，方为最好时光。

即兴人生

水獭小知识：一群水獭在陆地上就叫“嬉闹”（在水里时就叫“筏子”）。如果你见过一群水獭出没，就会明白“嬉闹”是一个合适的用来形容它们的集合名词。它们是坐在一起讨论投资吗？还是在担心能不能进入它们选中的大学？不。它们玩得很开心。

《牛津英语词典》将“嬉闹”一词定义为“原始的、精力充沛的玩耍”。你上一次嬉闹是什么时候？这个词还包含了各种恶作剧的意味，不是吗？嬉闹是有点狂野，有点冒险，有点不加计划，但总是有很多乐趣。你上一次嬉闹可能是很久以前了，除非你是一只真正的水獭，或者是个小孩。因为嬉闹是即兴的，作为成年人，我们不再擅长于此。我们把自己安排得过于井井有条，我们从地点 A 开车到地点 B，从不留什么绕路的余地。根据心理学与神经科学教授宗像裕子的一项研究，这种疯狂的时间管理实际上会让我们更难以照顾自己。“孩子们参加非组织性活动的时间越多，他们的自主性就越强。”宗像在谈到研究结果时说。反之亦然：“参加组织性活动的时间越多，他们的执行能力就越弱。”很明显，为了过上最好的生活，我们得少做点计划。把这个事实告诉下一个问你打算如何生活的人吧。[1]

[1] 如果你是艺术或文学专业的学生，这种情况会经常发生。请记住，以描写水獭为职业也是一种独特的可能。

水獭喜欢热闹的聚会。

它们早到晚走，并且总是记得带礼物。

向宇宙大声呼喊

我的童年可能结束了，但这并不意味着玩耍时间也结束了。

——罗恩·奥尔森

水獭小知识：当水獭们一起发声时，听起来就像是在唱歌。

唱歌是我们每个人都应该多去做的事情——独自在车内，在唱诗班中，和我们的朋友在俱乐部里，无论什么地方。唱歌不仅是一种被社会接受的成人“游戏”，它对健康也大有裨益。2011 年发表在《自然神经科学》杂志上的一项研究表明，唱歌可以通过释放多巴胺来降低血压、增加幸福感。多巴胺是当我们吃甜食时，大脑产生的一种令人感觉良好的化学物质。唱歌还可以增强认知能力、改善姿态。也许最重要的是，人们发现在群体中唱歌可以减少成年人的抑郁和孤独感。这些幸福感被认为是某种进化奖赏——奖励我们变得社会化，能够与人类同伴合作，而不是独自待在洞穴里。伦敦大学金史密斯学院的音乐心理学家维奇·威廉姆森博士告诉英国广播公司："这篇论文表明，音乐与我们最深层的奖赏系统有着密不可分的联系。"

我们都曾感受过幸福的光芒。当你按下播放键，放出你最喜欢的歌曲，或是收音机里放出（又或是某种流媒体服务算法选择的）一首歌的那一刻，你的大脑变得有点兴奋，你想起了世界上所有美好的事情，歌词似乎直接对应了你的生活和经历，而你迫不及待地要唱出一切？也许你正独自一人走在路上，意识到自己可以想唱多大声就能唱多大声；也许现在是凌晨 1 点，你和朋友们在酒吧里，微微出汗，尽兴玩乐，当这首真人现场演唱的歌曲响起时，你们也开始跟着摇摆，互相挽着胳膊，因友谊、共性和欢乐而感到温暖？那就是水獭哲学的应有之义。竭尽全力去歌唱快乐，向宇宙大声欢呼，把快乐展现和分享给所有人，并在这个过程中收获对健康的益处。毕竟，《不完美的和谐：在与他人的合唱中寻找快乐》一书的作者、歌唱专家斯泰西·霍恩说："集体歌唱要比治疗更便宜，比饮酒更健康，当然也比健身更有趣。"如果你问我的话，我会说这是一个相当好的观点。

为了更进一步的快乐　奉上水獭认可的歌单

试着阅读下面的歌单，不要立刻对着这些经典歌曲唱出声来。下次你去唱卡拉 OK 的时候，可以把它放在手边。

《甜蜜的卡罗琳》（尼尔 · 戴蒙德）

《1969 年的夏天》（布莱恩 · 亚当斯）

《想要》（辣妹组合）

《爬行》（TLC 乐队）

《不要停止相信》（旅行乐队）

《活在祈祷中》（邦乔维）

《追逐汽车》（雪地巡游者乐队）

《自由坠落》（汤姆 · 佩蒂）

《香槟超新星》（绿洲乐队）

《只是个女孩》（无疑乐队）

《钢琴师》（比利 · 乔尔）

《大老爹》（声名狼藉先生）

《波西米亚狂想曲》(皇后乐队)

《我们将震撼你》(皇后乐队)

《明朗先生》(杀手乐队)

《再次出发》(白蛇乐队)

《我将成为(500英里)》(宣告者乐队)

《生活就像高速公路》(汤姆·科克伦)

《爱恨交织》(阿黛尔)

《为跑而生》(布鲁斯·斯普林斯汀)

《我会活下去》(葛罗莉亚·盖罗)

《我想与某人共舞》(惠特尼·休斯顿)

《苏格兰之花》[1](罗伊·威廉姆森)

---

[1] 除非你是苏格兰人,否则你可能不熟悉这首歌。但相信我,没有比在体育场或广场上,和成百上千的苏格兰人一起唱这首非官方的国歌更好的事了。

如果你需要我，

我就在这些小树枝下，梦着海星。

文学作品中的水獭身影

不有博弈者乎？为之，犹贤乎已！

——孔子

水獭小知识：一些世界上最受欢迎的文学作品中会出现水獭的身影。人们就是喜欢阅读关于水獭的书，你正在读的这本就是证明。

肯尼斯·格雷厄姆的《柳林风声》以可爱的水獭和他的儿子胖胖为主角。水獭是很有礼貌的动物，它鄙视物质财富和过度的噪声。水獭很传统。

特德·休斯写了一首名为《水獭》的诗。在诗中，他把水獭比作国王、鳗鱼和野猫。在诗的结尾，水獭化成了一张挂在椅背上的毛皮，这真令人不快。但有时候就会是如此。

《水獭塔卡：快乐的水生生活与两河之乡的死亡》是亨利·威廉姆森于1927年出版的小说。如今，精明的编辑们可能忍受不了这么长的副标题了，但没关系。这部小说讲述了水獭塔卡在英格兰乡村的生活和时光。作者是法西斯主义的狂热信徒，因此他的作品现在不那么受欢迎了。

在《闪亮的水环》中，加文·麦克斯韦写到了他在苏格兰西海岸的生活，他和他的宠物水獭米吉比同住在那儿的一间农舍里，出于某种原因，他从伊拉克带回了这只水獭。本书包罗万象——水獭的狂欢作乐，迅速建立的友谊，“对水獭的迷恋”，当然还有谋杀和心碎。它被许多评论家称为有史以来最受欢迎的自然书籍之一。

最后，在J.K.罗琳的《哈利·波特与凤凰社》中，我们发现赫敏·格兰杰的守护神就是一只水獭。对聪明、活泼而又淘气的格兰杰来说，这个动物伙伴很合适。事实上，罗琳说过，水獭是她最喜欢的动物。2014年，她向书迷们透露，她理想的工作是“水獭过秤员”(除了成为一名作家之外)。

水獭的国庆节

水獭喜欢恶作剧，因此在水獭中，愚人节是近乎神圣的。还有什么比在朋友中搞一个无害的、最好不会引起不快的恶作剧更能纪念生活愚蠢而短暂的本质呢？不可否认的是，现在这个节日已经变得有点无聊了，因为每个企业品牌都开始进行滑稽的社交媒体活动。举例来说，甚至早在 1957 年，英国广播公司就播出了一部伪纪录片，旨在展示一个名为"瑞士意大利面大丰收"的活动。很多乡巴佬打电话来问在哪里可以买到能种出这种意大利面的植物，主持人不得不承认这是假的。幸运的是，还是有很多纯粹而快乐的方式能用来和朋友一起享受这个节日，同时也不至于表现得像个傻瓜。以下是一些水獭认可的工作或家庭恶作剧：

水獭认可的无厘头

- 用五颜六色的便利贴把电脑或椅子之类的办公设备贴满，这是一种让同事们知道你喜欢他们的多彩方式。而且，这样不仅看上去很漂亮，也能拍出很棒的照片。

- 把你朋友喜欢的名人小像贴在他们房门的猫眼上，然后敲敲门，让他们高兴地向尼古拉斯·凯奇[1]、卡拉·布吕尼[2]或者玛格丽特·撒切尔[3]敞开家门。[4]实际上，把名人（或猫）的照片随机贴在某件物品上，这种伟大的事情一年四季都能做。

- 重新排列同事电脑上的按键。这个小恶作剧绝对不会让键盘再按 QWERTY 排列了！用一条简洁的信息，比如“你好，简”，或者随便写一些废话，来让事情发生点变化吧。

- 任何带气球的东西。

---

[1] 尼古拉斯·凯奇（Nicolas Cage），美国演员，代表作有《勇闯夺命岛》《离开拉斯维加斯》《变脸》等。——译者注

[2] 卡拉·布吕尼（Carla Bruni），意大利模特、歌手、演员、音乐人，丈夫是法国前总统尼古拉·萨科齐。——译者注

[3] 玛格丽特·希尔达·撒切尔（Margaret Hilda Thatcher），第49任英国首相，1979—1990年在任。——译者注

[4] 这三个人还是头一回同时出现在一个句子里。

家庭与环境

没有什么比待在家里更舒服的了。

——简 · 奥斯汀

完美的藏身之处

水獭小知识：水獭窝被称作“沙发”，除非你做过很多填字游戏，否则这可能是个新知识。不用谢！这个家是在地下挖的，由许多走廊和房间组成。这是个温暖而干燥的地方，水獭在水里待了一天后可以来这儿放松。

我们已经习惯于相信，我们的家就应该是我们良好的品位、爱干净和极简主义倾向的完美展示。我们被鼓励用美丽的物品（瞧瞧你，水晶）来装点这些空间，还要点燃白色鼠尾草来净化空气。当然啦，之后还要把它们拍下来！水獭哲学就没那么大张旗鼓了。它要为你创造一个温暖而干燥的小空间，让你可以在那儿得到放松，比如你的沙发、地下室、小房间或是你的床。不需要很精致，也不需要昂贵的仿真皮草、时髦的墙纸或是最先进的电子产品（尽管这些都很好），你无须很大的空间来放松和做自己，但你确实需要一个空间。还记得你儿时那些完美的小小藏身之处吗——桌子下、衣柜底、屋顶的秘密阁楼？这就是你的灵魂真正需要的。哦，也许只要几个垫子，一条暖和的毯子，一杯茶，一两本书，和一个写着“禁止入内”的标识就好啦。

除非你是来玩的。

如果是那样的话，就请进吧。

Quiz / 小测试

你的完美水獭之家在哪里

来做个小测试，基于你的水獭筑巢本能，看看你到底应该住在哪儿（或者去什么地方度假）。

1. **你个人倾向的装修风格是：（　　）**

   A. 很多手工织物，一些浮木，羊皮地毯
   B. 白色皮沙发，瓷砖地板
   C. 当地土著艺术家的雕塑，船的照片
   D. 政治讽刺海报，鲜花

2. **你理想的周六之夜是什么样的：（　　）**

   A. 在酒吧里喝上几杯，现场有小提琴演奏，还有羊肉咖喱
   B. 去夜总会，喝点伏特加，看看会发生什么
   C. 从当地农贸市场买点线钓鲑鱼和有机甘蓝，然后花很长时间散步

D. 喝些加了手工制作草药的苦味鸡尾酒，接着去当地的艺术空间听维瓦尔第[1]

3. 当谈及个人风格时，通常以下哪种会让你觉得很不错：（　　）

A. 一件巴伯尔牌夹克，就像女王穿的那款

B. 法兰绒衣服和马丁靴

C. 沙滩装和古驰人字拖

D. 一条飘逸的裙子和一件皮夹克

4. 如果你和你最好的伙伴都是动物，你们会是：（　　）

A. 一匹小马和一只海鹦

B. 一只蜥蜴和一只公鸡

C. 一头鲸和一只乌鸦

D. 一只天鹅和一头狮子

[1] 安东尼奥·卢奇奥·维瓦尔第（Antonio Lucio Vivaldi），意大利巴洛克作曲家、小提琴演奏家。主要作品有《四季》。——译者注

Answers / 答案

大多数是A：设得兰群岛[1]上的农庄。你是一只不墨守成规的水獭，乐于无拘无束，远离尘嚣。不过，别让设德兰群岛给人的偏远感欺骗了你。岛上全是艺术家、音乐、美食，也充满了集体感。噢，还有水，大量的水。

大多数是 B：一套俯瞰阿尔加维[2]海滩的公寓。有白葡萄酒、喧闹的音乐和充足的日光浴。这很有趣，也挺无忧无虑的——还有什么比和朋友们在海滩上度过一天更快乐的呢？对你来说，这就是完美的水獭生活。

大多数是 C：西雅图的船屋。你可真是只西海岸的水獭，在接近城市生活和其中的一切乐趣的同时，还要稍稍保持一点距离。另外，你喜欢船屋那有点搞笑的特质。它可是船上的房子！

大多数是 D：你是典型的河獭。你热爱有文化的生活，但仍然想亲近自然——两全其美。

---

[1] 设得兰群岛属于苏格兰，由 100 个左右的岛屿组成，位于苏格兰以北约 210 千米。——译者注

[2] 阿尔加维是葡萄牙最南的一个大区，海水温暖，气候宜人，是度假胜地。——译者注

气候变化带来的绝望

水獭小知识：海洋中的石油泄漏、河流湖泊中有毒的工业废水以及森林的砍伐，都对水獭的生存造成了威胁。

水獭也面临着和我们一样的危险：人类的胡作非为；贪婪；环境破坏；二氧化碳排放。这些都是危及生命的严重问题。气候变化已经改变了我们的生活和对季节的体验。地球温度上升了 1 摄氏度。我们的粮食供应很脆弱，洁净水的获取受到威胁，热带疾病正在向北蔓延。“抵制灭绝”一类的运动正在组织起来，阻止我们自己的毁灭。尽管置身于这一切之中，我们仍需要购买牛奶和卫生纸，这似乎有点不太协调。但是，我们必须要有卫生纸。

当情况不妙的时候，水獭可能也会有所感觉——毕竟它们几乎被猎杀殆尽了。它们一定想知道朋友们都到哪里去了吧？然而，尽管面临绝望，它们仍然安之若素。正如我们所知道的生活一样，今天仍在继续。气候变化并不是不做作业或躺在床上的借口，虽然这有时似乎是合理的。水獭的观点是承认事物的存在——接受我们的悲伤和愤怒，然后把它们放在一边，不管怎样，要去寻找快乐起来的理由。瓢虫和安静的人类宝宝依然是可爱的，现场音乐会和于温暖的夜晚开着车窗行驶在偏远的高速公路上依然很爽，玫瑰花园和唱片店依然引人沉思，第一次约会和婚礼依然充满希望。水獭的观点是尽最大努力减少每天的绝望，尽管现实如此，还是要允许自己感受快乐。为了你的精神健康，这是值得的。

对这个世界好一点

水獭小知识：在应对气候变化上，水獭做出了自己的贡献。它们显然不是有意为之的。它们才不会把所有破坏海洋的漂浮塑料袋都装起来回收利用（瞧瞧一次性吸管和塑料袋），但它们的确吃了很多海胆。海胆吃海藻，海藻吸收二氧化碳。所以水獭吃的海胆越多，从大气中吸收二氧化碳的海藻也就越多。想象一下。

正如我们在上文中探讨的那样，气候变化是一件难以阻挡的事情。除非整个航空业关门，石油公司停止钻探，政客们达成新的绿色协议，否则只依靠改用节能灯听起来有点像个笑话。但关键在于，每个人都尽了自己的绵薄之力，而当足够多的人都尽了他们的绵薄之力时，情况就会有所不同。例如，根据美国能源部的数据，在未来20年里，让全美国改用LED灯，可将照明用电量最多减少50%，并减少1800万吨的碳排放。希望这能让你对自己和这个世界的感觉好一些——知道我们都在一起，每个人都带着可重复使用的购物袋，乘坐公共交通，回收利用废物，堆制肥料，随手关灯，减少对一次性塑料制品的依赖。无论是在家里还是在外面的世界，做你该做的事，这是社会契约的一部分，是我们不乱扔垃圾的原因，也是水獭想要的生活方式。

珍爱之物的隐匿地

水獭小知识：每只水獭胸前的小口袋里都藏着一块它最喜欢的石头。当水獭要打开贝壳的时候，这块石头的形状和大小是它优选出来的，因此，水獭想把它贴身藏着是有道理的。

有一个特别的地方来放置我们珍爱的东西，是纪念对我们重要之物的很好方式。由于我们身上没长口袋，这些特别的地方便可以是书架、窗台、壁橱、衣袋和其他各种角落。有些人把这些特殊的空间称为“圣坛”——尤其是当他们有宗教信仰，或是对新世纪及灵性事物有一点兴趣的时候。根据传统，圣坛是举行祭祀或仪式的地方，因此放在圣坛上的东西被视作供品。供奉给谁？那取决于你。不管你叫它什么，为那些对你来说重要的东西腾出空间——无论它是重要的工具，还是有情感价值的东西——是实践水獭哲学的一种方式。

创造一个空间很容易：它可以简单到是一张靠墙的桌子，上面放着一个带有爱人照片的相框；也可以是一个书架，上面有一束早已逝去的爱情留下的干玫瑰；还可以是一方窗台，台上放着几块参差不齐的、闪烁着矿物光芒的石头。圣坛甚至可以放在冰箱前，上面有爱你的孩子们画的图画；或者它也可以是车库里整齐排列的工具墙的形式。艺术家们有时会对圣坛进行创作，以此作为创造力练习，他们会在圣坛上添加五颜六色的鲜花、房子里零零碎碎的物件，以及对创作者有意义的照片或文字。也许你的特殊物品没有展现出来，也许你的特别之地是私密的：一个金属盒子，或者一本相册；也许抽屉就是你保管珍贵之物的地方。无论你把它们放在哪里，这些特殊的物品每天都会提醒你什么对你来说是重要的，它们可以帮你记住你所爱的人，激起你的怀旧之情，给你带来快乐，或者给你思考的时间。纪念珍视的物品和它们唤起的记忆吧，这就是水獭的方式。

我是这样醒来的。

隔离与保护

水獭小知识：水獭是哺乳动物中毛皮最浓密的，它们每平方英寸约有85万到100万[1]根毛发。双层毛结构可以储存空气，从而让它们漂浮起来，并让它们的皮肤不被弄湿。

有一件厚外套的好处之一是得到了浮力和保护。没了保护层，人类也会遭殃。如果我们吸收了太多不好的东西，我们就会下沉。（这就是没有毛的水獭的下场。）现在外面的

[1] 相当于每平方厘米约33万~39万。——编者注

日子很艰难，重要的是让自己远离那些最糟糕的事情——糟糕的新闻标题、“有毒”的人、雾霾，以及一切让你沮丧的东西。这就是水獭的自我照顾哲学发挥作用的地方。

为自己腾出时间，无论是恢复、重组、排毒、再排毒，还是任何让我们感觉更好的事情，对我们的生存都是至关重要的。照顾自己意味着允许自己穿上一件小裘皮大衣[1]，知道穿着它就可以保护我们免受外在环境的影响，哪怕只是一点点。这并不意味着我们无法应对生活中的困难。洗个澡，吃点饼干，或者在沙发上休息一天，并不代表我们过于敏感、娇贵或是需要溺爱（尽管这些都没有错）。这只是一个迹象，表明那些外在干扰也许已经积累到我们需要一点时间独处的地步了。我们需要安全，温暖，远离外在环境。去阅读、逛街、拜访朋友，或是抚摸陌生的狗。

[1] 这里的大衣是一个比喻，你懂的。难道它们还卖新的裘皮大衣吗?

你读了这个吗，麦克斯韦尔？

水獭是非常爱玩的动物。

水獭哲学书单

终归有那么一天，你会成熟到可以重新阅读童话。

——C.S. 刘易斯[1]

这不是一张关于水獭的书单，而是一些包含水獭哲学的图书。自由、快乐、冒险、好奇、幽默——你会在这些水獭认可的读物中找到一切。所以，蜷缩在沙发上，点一些寿司，准备读点关于生活、爱情、心痛和其他蠢事的古怪而快乐的故事吧。

[1] C.S. 刘易斯（C.S.Lewis），英国作家，代表作为系列儿童小说《纳尼亚传奇》。——译者注

《1047 个微笑的理由：带来快乐、幸福与激情的小事》
(*1,047 Reasons to Smile: Little Things that Bring Joy, Happiness, and Excitement*)

伊丽莎白·杜顿

这些丰富、有趣并且纯属随机收集的高兴事一定会让你微笑。

《夏日书》(*The Summer Book*)

朵贝·扬笙

在这部深受喜爱的小说中，一个小女孩和她的祖母在芬兰湾的一座小绿岛上过着快乐不羁的生活。她学会了爱，学会了自然，甚至学会了关于猫的事情。

《鸟儿如雨点般落下》(*And the Birds Rained Down*)

乔斯林·索西耶

在这部非凡的小说中，两个老朋友决定在魁北克森林的一个湖上度过余生——远离社会，沉浸于自然。这本书讲述的是和最好的朋友一起，过最好的生活，寻找爱与陪伴，优雅而快乐地变老。

《海边的一年》(*A Year by the Sea*)

琼·安德森

在婚姻遭遇不顺期间，一个女人搬进了海边的小屋，以此找回她的自我意识。她每天游泳，在海滩上放松，吃海鲜，结交新朋友。还有比这更像水獭的书吗?

《神奇的收费亭》(*The Phantom Tollbooth*)

诺顿·贾斯特

文字游戏、双关语、智慧王国、会说话的动物，这本小说是许多爱书人童年的必读之作。再读一遍，或者初次读它，为这个世界是多么愚蠢和精彩而高兴吧。

《秘密花园》(*The Secret Garden*)

弗朗西丝·霍奇森·伯内特

父母去世后，你被派往英国一处富丽堂皇的庄园，并在那里发现了一座秘密花园，还有什么比这更令人高兴和愉悦的吗? 我相信我们都有同感。在我们的女主人公孤独地启程后，她发现了一个神奇的秘密之地，还有一群可以一起享受此中乐趣的朋友。

《厨房机密》（*Kitchen Confidential*）

安东尼·波登

已故的波登使水獭哲学的许多方面具象化了：冒险精神、对食物的热爱、工作的意愿和对几乎所有事物的好奇心。他的回忆录会让你开怀大笑，或许还会让你来一趟说走就走的纽约之旅。

《猫客》（*The Guest Cat*）

平出隆

这是一本由日本著名诗人创作的国际畅销书，讲述的是一只流浪猫“小小”被一对客居东京的夫妇收养的故事。温暖的友谊让每个人都变得更好——对这对夫妇来说，生活开始有了更多的意义，世界似乎变得更光明了，而小猫们也得到了喂养。这是一次对宠物“所有权”的本质以及热爱野生动物的意义的愉悦审视。

《壁花少年》(*The Perks of Being a Wallflower*)

斯蒂芬·奇博斯基

这部美国经典著作讲述的是如何过最好、最真实的生活，如何在平凡中发现幽默，以及如何在艰难的青少年世界中前行。它讲的是拥抱年轻的感觉，讲的是初坠爱河、发现音乐，以及接受我们到底是谁，到底是什么。

《根西岛文学与土豆皮馅饼俱乐部》(*The Guernsey Literary and Potato Peel Pie Society*)

玛丽·安·谢弗、安妮·拜罗斯

这是一本非常甜蜜且振奋人心的小说，讲述了一群英国朋友在“二战”的艰难环境中彼此靠近的故事。在格恩西岛被德国占领期间，这些适应性强的村民在战争的动荡中找到了快乐、幽默甚至爱情。作为福利，本书采用了一系列信件的形式。写信似乎是水獭们会赞成的一件古怪事。

工作与学校

当你分不清自己是在工作还是在玩耍时，你已经在自己的领域里取得了成功。

——沃伦·比蒂[1]

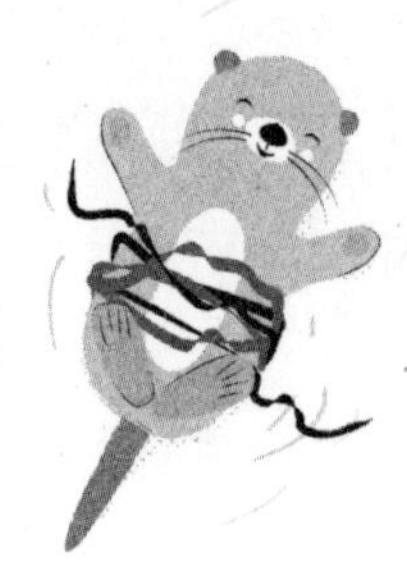

[1] 沃伦·比蒂（Warren Beatty），美国演员、导演、编剧和制片人。代表作《雌雄大盗》《天涯何处觅知音》《烽火赤焰万里情》。——译者注

早鸟和夜猫子

水獭小知识：水獭通常在夜间活动，不过这要视季节而定。它们总是在晚上捕猎。

似乎每隔几个月，就会有一项宣传早起对健康的好处的研究发布出来：看看那些在凌晨 4 点起床，在 3 小时的普拉提课程前喝黄瓜水的百万富翁吧！这些研究暗示，我们这些没有意志力，因为严重的宿醉而渴望睡觉的可怜虫，永远不会像这些早起的鸟儿一样成功。但水獭哲学让人认识到，我们同样高产、清醒且精力充沛，只不过是在不同的时间段。事实上，科学已经证明了这一点。伯明翰大学人脑健康中心 2019 年的一项研究发现，早鸟们和夜猫子们的脑电波完全不同：早鸟们在上午的表现更好，夜猫子们在晚上 8 点左右表现最好。所以不要对抗天性了。我们中有些人是早起的人，有些人在下午需要小睡一会儿，有些人则是夜猫子，或者“夜水獭”。当世界上其他人似乎都在睡觉的时候，你却还醒着做事：清理橱柜，吃冰激凌，写信。这都没问题。在睡眠方面没有最好的做法，你要么满足了自己的需求，要么没有。无论你是在凌晨 2 点还是晚上 9 点上床睡觉，都没有关系。全世界的夜水獭们，团结起来！

没有更好，只有更小

水獭小知识：一般来说，随着时间的推移，水獭这一物种的体型会变小。根据在中国云南省发现的化石，一些史前水獭曾经和狼一样大。但它们现在已不再是一种不可小觑或令人害怕的动物了。

接受比你想要的、计划中的，或是曾经拥有的“少一点”，无论在生活的哪个阶段，这都是一个应对现实的好方法。你可能在高中数学课上是个大人物，但现在你正与黑洞星尘分子的一年级课程作斗争[1]；也许你曾有一份不错的

[1] 或者现在的随便什么数学课。我是英语专业的。

工作，但现在你辞职了，或者被炒了；又或者你曾有一个漂亮的伴侣，但你们的感情进展得并不顺利；也许你曾拥有一个健康的身体，而现在你正与一种疾病对抗；也许情况已经不一样了，你遭遇了挫折，现在没有达到自己想要的状态，你觉得自己应该得到更多……

我们生活在一个很容易拿自己和别人相比较的世界里，那些人看上去比我们更强、更好，这让我们的挫败感更加严重。我们很容易因曾经拥有的东西而陷入绝望，觉得自己好像倒退了一步。这都是我们个人进化的一部分，放宽心吧。今天没有人看到水獭时会想“可怜的东西，它的祖先更令人钦佩”。不，我们看到的是水獭在享受生活，享受阳光，有好友相伴，我们想到的是“天啊，水獭看起来好满足，我希望能知道它的秘诀”。

在一个只奖励强者的世界里，你要接受这样一个事实：个人的成长并不总是意味着更强大、更英勇、更好。接受自己现在恰到好处的状态吧，至少是现在。

办公室里的水獭日。

让我们“漂浮”起来

把玩耍和学习全排在童年，把工作全排在中年，把悔恨全排在老年，这种做法不但错误，且残忍又荒唐。

——玛格丽特·米德，人类学家

水獭小知识：水獭喜欢成群结队地放松。阿拉斯加的研究人员曾经观察到超过 1000 只一起漂浮的水獭，尽管它们更常见的状态是 10 ~ 100 只一起放松。

在一个独立和个性至上的时代，水獭很好地提醒了我们，实际上不能单独行动。我们的家人、朋友、熟人、同事，都是让我们保持“漂浮”的重要组成部分。在工作用语中，这一大群人被称为人际网。水獭哲学鼓励各种各样的结网——无论是参加读书俱乐部，还是参与当地救济院的工作，都是一种联结。这就是为什么人们会加入互助会、专业社团、艺术组织、运动队、协会、社交网络和政治团体。我们加入，是因为他们提供了个人成长和职业发展的机会。无论我们能否意识到，但我们做的事情越多，建立的网络也就越多。

科学家尼古拉斯·克里斯塔基斯和詹姆斯·福勒在其著作《社会网络的神奇力量及其塑造生活的方式——你朋友的朋友的朋友如何影响你的感觉、思想与行为》中指出，尽管我们大多数人只有三到八个亲密朋友，以及一百人左右的定期互动圈子，但实际上，我们的社交网络延伸得比这远得多——我们的社群包括朋友的朋友，甚至他们的朋友和同事。[1]这些巨大的延伸网络通常是看不见的，直到那

[1] 只要看看社交媒体就能明白这一点。不然你怎么知道你阿姨同事的女儿刚刚过完她的五岁生日（哆啦A梦主题）？或者你前任最好的朋友有了一个来自康沃尔的新女友？

些最出人意料的时刻出现，有时是在我们需要的时候。毕竟，你永远不知道什么时候你的校友会成为你的面试官，你西班牙语老师的合作伙伴会推荐你申请一笔艺术资助，或者你父亲的新邻居会向你推荐一位好律师或一双登山鞋，而那将改变你的生活。这些似乎都是非常具体的例子，它们发生在了某个人身上。很有可能。

此外，一个强大的网络还对你的健康有好处。2010 年一项名为“社会关系与死亡风险：元分析综述”的研究的作者写道：“个人社会关系的质量和数量不仅关系到心理健康，还与发病率和死亡率有关。”他们发现，和社会关系较弱的群体相比，更强大的社交网络意味着生存的可能性提高 50%。

水獭的通勤总是毫无压力。

拥抱擅长的事

水獭小知识：水獭属于鼬科家族，这一家族的成员还包括臭鼬、白鼬、雪貂、狼獾和獾。不过，水獭是鼬科家族中唯一会游泳的动物。

我们都知道，有些人和他们的家人大不相同，这让人很难相信他们有亲属关系。你朋友的父母做会计，姐姐做金融，而他住在大篷车里，在当地的艺术团体里做音乐。或者你有一个朋友，她的家人都是当地橄榄球联盟的狂热粉丝，而她却热衷于非暴力和完整的大脑。也许这也有点儿像你：一个不太合群的人，肉食世界里的素食主义者，电视观众世界里的读书人，禁酒主义者世界里一个崇尚物质的自由灵魂。水獭哲学就是要赞美这些差异，拥抱你所擅长的，忘记其他。想象一下，如果水獭环顾四周，担心自己的亲戚都不会游泳，那会是什么样子？臭鼬叔叔和雪貂堂哥觉得游泳很奇怪，但那又怎样？水獭还是会继续游泳的。它们很擅长，也是这么去做的。

相反，我们有时会在某些事情上做得不好，但无论是在学校上课时还是在试着做一些兼职时发现这一点，都是我们发现自己擅长什么的过程的一部分。我曾在传达室做整理文件的工作，因为我有点傻，没有意识到按字母排序不只是按一个字母那么简单，所以任何以 R 开头的东西都被我放在了 R 文件夹里——无论病人的名字是兰德尔、鲁珀特还是勒扎。幸运的是，我在那儿工作了一天就被解雇了，所以我造成的混乱并不是什么大问题。但我得到的教训是，我不是一个有条理的人，那也没什么大不了的。（我可能也没有太多常识。）然而，我父亲却按照字母顺序，排列了他从 20 世纪 60 年代以来购买的每一台电唱机、电话、洗碗机或电脑的使用手册。尽管我们关系亲近，但他和我有着不同的才能。你也有你的才能，一旦你知道了它们是什么，便是天高任鸟飞了。正如商业作家汤姆 · 拉斯所写到的那样："你可以比现在的自己更进一步。"

我们在地球上的时间

水獭小知识：干净的身体能让水獭漂浮起来。如果太脏了，它会淹死的。因此，水獭会梳理皮毛以确保生存。如果你去动物园，看到水獭只是坐在那里给自己舔毛，那你的运气真不怎么样。不过它们比树懒还是要有趣些，树懒一次能睡 500 个小时。[1]

水獭梳理到能让自己漂起来就够了，仅此而已。它们可不会因为人们可能会对它们努力工作的样子印象深刻，

[1] 其实更有可能是一天 12~15 个小时，如果实在是很关心这个事实的话。

就额外花时间梳妆打扮。“让我把这地方再舔5小时，好让动物园的游客们惊讶于我的勤奋”，它们可能不会这么想。我们可以从这种“适可而止”的态度中学到很多——尤其是我们中那些过度工作的、工作上瘾的，或者好像无法在合理时间打卡下班的人。水獭知道我们只活一次，我们在地球上的时间是有限的。为什么要把时间花在不必要的工作上呢？

然而，我们就是这样做的。我们在休假时查看工作邮件，免费加班到深夜，而且我们大多接受了自己需要一周7天、一天24小时随时待命的状态。我们有“过度工作”的问题。事实上，日本甚至有一个词来形容那些死于过度工作的人：“过劳死”。在英国，员工每周的工作时间是欧洲最长的，但这个国家的生产力水平却位列最低之一——这意味着所有的额外工作都不是那么值得。斯坦福大学2014年的一项研究发现，在每周工作约50小时后，我们的工作效率就会下降；55个小时之后，我们基本上就是在做无效工作；而70个小时之后，我们就变成了工作僵尸，无法产出任何东西，只会感到悲哀，可能还会打错很多字。尽管像在韩国、意大利和法国，有些公司正在引入“离线权（Right to Disconnect）”立法，旨在保护公民不加班（德国有些公司还会阻止电子邮件在工作时间以外发到员工收件箱），但是我们其他人则不得不自己面对这个问题，要确保我们是为了生活而工作，而不是相反。设定工作和玩耍之间的界限有诸多好处：减少压力，恢复精力，睡眠更好，注意力更集中，当然，你的爱人也会喜欢的。

过度准备是灵感的敌人

对未来最好的准备就是活在当下。

——乔治·H. 布里姆霍尔，教育家

水獭小知识：水獭喜欢吃蛤蜊和其他贝类，但要是没点帮助，它们是打不开壳的。这就是水獭的私人敲贝石的用武之地（更多信息参见 99 页）。水獭总是有备而来。

在观察者看来，水獭的生活似乎很容易。其中的秘诀就是要做一点准备。注意，不是过度准备。水獭哲学对让你提高效率的生活小技巧，或是更好地安排时间的小秘诀不感兴趣，它不鼓励你每天都做计划，或是精确地安排好每一秒钟。为未来施加压力不是水獭的生活方式。相反，它鼓励做一点只要应付得过去就行的准备，同时，它认为有一点不确定性也是令人兴奋的。理想状况下，尽量做好充分的准备，确保你能享受生活（和你的晚餐），而不用担心每一种可能出现的结果（无论你是否做好了准备接受它）。

你还记得学校里那些总是备着 30 种不同荧光笔的孩子吗？那些为了考试通宵学习，还担心考不上大学的孩子？也许这听上去很熟悉。毕竟，我们从小就被鼓励要对一切事情做好准备。带把伞——可能会下雨！但总是做好准备可能会演变成过度准备，而这会让人感到压力和疲惫——它通常意味着活在未来，而不是活在当下。我们能从“不做过头”的水獭哲学中学到很多。学校里那些从来不带铅笔，还有那些似乎总是忘记当天有考试的孩子后来怎么样了？嗯，那些顺其自然的孩子都生存下来了，不是吗？他们都毕业了，成人了，还设法找到了工作，而且他们的生活压力可能也会小很多。

所以，搞清楚你的“石头”是什么——你在学习和工作中需要预先备好的重要东西，并试着在需要的时候将它准备好。也许是手机的备用充电器，也许是薰衣草油或你的药品，也许是你的笔记本电脑，又或是在那些感觉不舒服的日子里要用的膏药。为了让你的一天轻松一点，一点小小的准备大有帮助。不过，大量的准备往往是浪费时间，坦率地说，它会限制你的风格，让你不再那么容易冲动，也不太可能在机会出现时一头扎进去。就像拿破仑说的："过度准备是灵感的敌人。"

一头扎进生活，同时还明智地戴上游泳护目镜。
对于可能出现的乐趣，水獭总是会有点准备的。

健康与幸福

有创造力的人是好奇的，灵活的，持久的，独立的，他们有着强烈的冒险精神，还很爱玩。

——亨利·马蒂斯[1]

[1] 亨利·马蒂斯（Henri Matisse），法国著名画家、雕塑家，野兽派创始人和主要代表人物，代表作有《豪华、宁静、欢乐》《生活的欢乐》《开着的窗户》《戴帽的妇人》等。——译者注

压力最小的动物

水獭小知识： 水獭的肺活量非常大——是其他同体型哺乳动物的两倍多。根据水獭的不同类型，它们可以屏住呼吸长达 8 分钟。

深吸一口气，就现在。深吸一大口气，让空气进入你的脚尖和头顶。现在呼气。好。再做一次：吸气，呼气。突然感觉生活变得容易掌控了些，对吧？我们都知道深呼吸对我们有益——多亏了 4000 万项证明瑜伽、冥想和深呼吸可以缓解压力的研究。压力使肩膀弓起，让呼吸变浅——一切都变得紧张了，而深呼吸可以缓解这种紧张，它有助于激活我们的放松反应，强化免疫系统，改善姿态，缓解紧张。有了肺活量和深呼吸，难怪水獭（可能）是地球上压力最小的动物。

爱美之心

如果你别的什么都不记得了，也请永远记住最重要的美之法则，那就是："谁在乎呢？"

——蒂娜·菲[1]

水獭小知识：海獭会花很多时间来打理自己。它们平均每天要花5～6个小时来确保毛皮干净整洁。（剩下的时间就用来吃饭、睡觉或玩耍。）此为生存之必须——干净的毛皮能让它们在水中保持浮力和干燥。正是恰到好处的打理，让它们得以日复一日地漂浮在水面上，所以它们才会这样做。

[1] 蒂娜·菲（Tina Fey），美国制片人、编剧、演员、主持人。——译者注

社会老是爱管我们花在外貌上的时间。要是花的时间太多，我们就是空虚肤浅："世界要变成什么样啊？"要是花的时间不够，我们就是不尊重自己："想当年，人们还是会在外表上花工夫的。"我们中有些人会花上几个小时看那些讲解如何塑造轮廓、如何找到最佳自拍角度的视频，还有一些人喜欢唇膏却很少照镜子；有些人会用蜡脱毛，有些则不会；有些人有眉笔，有些则没有。水獭哲学是要我们在日常生活中寻找快乐，而不是关注那些警告我们正变得比以往任何时候都要虚荣（或是警告我们正在因忽视自己的外表而抛弃了性别规范）的新闻标题。

社会的看法是，无论你多么努力，你永远都不会一点儿错都没有。所以，拥抱你所做的一切，无论多久都可以！不要担心水獭。

这叫理发，很流行的哦。

当衰老向你走来

水獭小知识：每只水獭胸前都有一个用来储存食物的松垮小口袋（这也是水獭保存它们特殊石头的地方）。这个口袋不是特别显眼，它是水獭天生的一部分。

水獭天生就会有松弛的皮肤——我们也一样。它叫作衰老，正向我们每个人走来，即便是那些喜欢除皱的人、热爱锻炼的人、美丽的青少年和寻找青春之源的科学家。拥有一个健美的身体并没有什么错，但有一些天然的下垂和凹陷也没什么错。习惯它！我们都在变老。你现在就比开始读这句话的时候老了，这也意味着你的身体相比刚才又走了一点下坡路，这很光荣，对吧？水獭哲学让我们意识到，我们都被裹挟在生活的河流中，变形、发展、成长、衰老、分娩、手术、生病和好转，增加和减少体重，不断进化为与之前有点不同的新人。所以，无论是产后的小肚腩、脚踝赘肉、火鸡臂还是颈部下垂，欣然接受我们都是大自然的一部分，而大自然喜欢有点松弛的皮肤[1]。如果你能自己装点儿食物和工具，那就更好了（瞧瞧你，乳沟）。

[1] 参见大象、沙皮狗和乌龟。

释放狂野

水獭小知识：中央情报局曾设计过驯服水獭的方案。出于不明原因（很可能是训练水獭把炸药或麦克风送去敏感地带），中情局于 20 世纪 60 年代对水獭进行了研究，作为其臭名昭著的“洗脑计划”的一部分。该组织对水獭的研究工作在一本名为《水獭档案》的书中有所概述。

驯服水獭很好地说明了庞大的机构是如何不惜一切代

价将野性的头脑塑造成某种有用的东西的。[1]我们都感受到了这种服从的压力——在工作中，在学校里，在社交媒体上。我们生来都有一点古怪和野性，却被告知需要适应——挤进这些为我们设计的社会枷锁中。研究表明，4岁的孩子就会调整自己的行为来适应社会，其中部分原因是出于自我保护。我们想要毕业、晋升、拥有成功的人际关系，避免成为网络上的众矢之的。水獭哲学让人认识到，这些约束什么时候是有用的（学校帮助我们学习，遵守规则帮助我们远离麻烦，纳税让我们免于牢狱之灾），而什么时候我们需要挣脱束缚，享受自己快乐不羁的自由。"动物讨厌被限制在方寸之间，为了逃离，它们会打斗，会撕碎自己，直至毁灭。"一位官员在《水獭档案》中写道。听上去熟悉吗？因此，如果你感到被困住了，问问你自己：这些规则/限制/社会规范符合我的最佳利益吗？通过适应这些期待，我是更好地为人类服务了，还是代美国政府向其目标运送足量的炸药了？你一定明白我的意思。挣脱束缚，释放狂野，只要你愿意。

---

[1] 至少，研究水獭的中情局探员意识到了这些动物是多么可爱和合群。报告建议："如果可能的话，千万不要限制一只曾与人为伴或有过自由的水獭（或将其留在动物园或狗窝里）。"谢谢，山姆大叔！也许他们接下来会把这种想法应用到人类身上。

水獭小知识：雄性水獭有阴茎骨。这根骨头经常在与其他动物打架时折断。

这一条真没什么可学的，除了照顾好自己，小伙子们。好斗只会带来麻烦，以及急诊室之旅。

回到石器时代

水獭小知识：尽管水獭使用工具，但它们还没有形成对技术的依赖。这是真的。你见过有手机的水獭吗？

我不是危言耸听，但我们接触的每个网站和应用程序都对我们施加了一些精神控制。在那个模拟的小世界里，我们四处浏览、移动、点击，就像迷宫里的老鼠一样：我们学习（移动、点击），获得奖励（通知、徽章），然后再回来获取更多（美味的奶酪）。我们也许是自己选择去那儿的——需要一双新鞋，或是看看朋友们的近况，但只要到了那里，我们就被迫在一个旨在影响我们的行为，并让我们一次次返回的软件里浏览。根据英国通信办公室的一项研究，我们平均每 12 分钟查看一次手机，也就是一天大约有 2.5 小时要花在手机上。看这个小屏幕花了很多时间，不是吗？你把自己编进了程序里。

这并不是说我们要回到石器时代，随身带着翻盖手机做事。但请记住，技术是为我们服务的工具，而不是相反。要不把你的智能手机换成一块石头吧，这很水獭风。

追逐尾巴的欢乐

水獭小知识： 水獭喜欢追自己的尾巴。

在当今这个繁忙的世界里，人们关注进步、领先、向前，以及从错误中学习，以至于我们这些有时会原地打转的人都要没有立足之地了。无论是在事业上还是在感情上，“原地打转”都是社会对“一事无成”的定义。但水獭哲学接受每件事都需要时间的事实，这也是过程的一部分。几天，几个星期，或者，让我们直面现实吧，感觉我们可能已经被困在一个地方好几年了。但在生活中，我们可以从这些追逐尾巴的时光里学到很多东西。事实上，与公众的预期相反，我们可能真的很开心，这是那些朝着一个方向冲刺的人难以理解的。我们知道，从长远来看，这种情况对我们不利，我们可能没有升职的机会，但我们热爱这份工作；我们可能知道一段感情难以长久，但它充满了乐趣。社会告诉我们，我们没有进步，也没有从错误中吸取教训。但现在，这种情况适合我们，而且我们最终会步入正轨，走上一条带我们去往别处的道路。又或者不会，急什么呢？有很多理由让我们觉得没能成为最好、最有用的自己。水獭哲学知道这种事时有发生，并且它真的没那么重要。当一天结束的时候，我们都会殊途同归（躺在床上，用手机看水獭视频）。

很高兴和我的小伙伴一起在这儿漂流，

去哪儿无所谓啦。

与其“锁住”这一刻

水獭小知识：在东京和东南亚的其他大城市，水獭咖啡馆十分兴盛。顾客们花钱享受抚摸水獭以及和它们拍照的特权（这和猫咪咖啡馆很像）。然而，一些物种却被列入了世界自然保护联盟濒危物种红色名录，这意味着对于把这些动物圈养起来供我们娱乐的行为，仍存在道德争议。

旅行是新的体验，而如今，它是把经历记录下来给那些待在家里的人看的。事实上，我们中有太多人热衷于记录和发布生活的方方面面——尤其是当我们旅行的时候。捕捉、展示、制造要和人分享的瞬间，代价是什么？在这种情况下，代价是远离了家和家人的小水獭，它们有点儿可怜。

在接受调查的人之中，40% 的男性和 20% 的女性承认，他们甚至会在社交媒体上发布假的度假照片。《为什么社交媒体正在毁掉你的生活》一书的作者凯瑟琳·奥默罗德对 CN《旅行者》说：“你是在创造一个地方的概念，而不是真实地反映它，此后还会不断有人去重新创造它；这让过程变得廉价，也冲淡了体验。”

但是，当我们坚持要把经历转化为内容时，失去的就不仅仅是动物了。当我们通过社交媒体的镜像看待体验时，就失去了一些转瞬即逝的、关于自我本质的东西。当想着别人希望看到我们是什么样子时，我们就创造了一个虚拟的自我，而不是做些什么去变得不同，变得更特别或是更真实。精神治疗师南茜·科里尔在《今日心理学》杂志中指出：“我们没有成为生命之河的一部分，而是觉得自己必须不断创造新的生命物质和更多的生活物品，这些东西将宣告和建构我们，并最终证明我们的存在。与此同时，我们和生活之间的裂缝变得越来越大。”水獭哲学告诉我们，做某件事是因为它能给我们带来快乐——而不是为了获得点赞或粉丝。水獭哲学要我们体验生活，经历一个真实的时刻；要我们活着，并去感受某些东西——那种普遍传播的东西，无论它是否会成为社交媒体上一个好看的帖子。

因此，下次当你想要记录、发布，以及看看人们会作何反应时，只要简单抵制它就好。与其“锁住”这一刻，不如让它自由。让它在你的意识中旋转，回味。然后，如果一定要写的话，你可以写一首诗来描述自己当时的感受。这就是我们在互联网出现之前分享经验的方式。

间隔年之思

水獭迷恋者
用玫瑰
摆造型

咔嗒

生活艰难
且不公

至少它不是头熊

及其他

记着这些，你懂的

精神的韧性

轻松愉快的心情最有利于健康，不仅对大脑，而且对身体也大有裨益。

——约瑟夫·艾迪生[1]

水獭小知识： 在19世纪，水獭几乎被猎杀殆尽。英国、中国和俄罗斯等地喜爱奢侈品的贵族对它们温暖的毛皮有很高的需求。最终，北美西海岸只剩下十几种水獭，每个种群的数量不足100只。

[1] 约瑟夫·艾迪生（Joseph Addison），英国散文家、诗人。代表作有诗篇《远征》、悲剧《卡托》等。——译者注

对水獭来说，幸运的是，1911 年出台的一项保护海豹毛皮的条约规定禁止售卖水獭毛皮，这一小群水獭的数量才恢复到我们今天看到的更健康的水平。

水獭是很有韧性的动物。在几乎濒临灭绝之后，它们如今在我们的河流、水道和海洋中茁壮成长。无论是在工作场合还是在人际关系中，韧性都是我们需要培养的重要品质——据研究人员说，你要做的就是变得更开放一点，更像水獭一点。

《人格与社会心理学》杂志 2004 年的一项研究显示，精神有韧性的特征是“灵活应对不断变化的情境需求，并具备从负面情绪体验中恢复过来的能力”。研究人员发现，即使是在有压力的情况下，有韧性的人往往也能感受到积极的情绪，并更快地从糟糕的经历中恢复过来。这些韧性强的人都有什么共性呢？研究发现，“他们对生活充满热情和活力，好奇也乐于接受新事物”，这让你想到谁了吗？不仅如此，这些精神饱满的人还会在压力大的时候幽默以对——笑一笑，这可以让每个人都振奋起来。

现在谁更有弹性，伯莎？

事实上，这些人的身体也很健康，相比那些韧性较弱的人，他们从心血管疾病中康复的速度更快。好比你买了一个花式香肠卷，迫不及待地想要吃掉它，却把它掉在了地板上——一个有韧性的人可能会令人难以置信地大笑或耸肩，然后把它捡起来，发誓无论如何都要吃掉它。其他人则可能会因为自己的不小心而苦恼、尴尬或是悲伤几个小时。

天生就韧性不足？遭遇挫折后就一蹶不振？责怪自己？为你做过或说过的某件事烦恼了好几天？没问题。如果你愿意的话，你可以通过一些小方法来改善这种性格，这完全取决于你思考问题的方式。宾夕法尼亚大学的心理学家马丁·塞里格曼发现，一些认知练习会有所帮助。第一，具体思考，而不是全局思考（一个问题并不一定指向更大的问题）；第二，承认外部力量在起作用，不要把一切都归咎于自己；第三，认识到一些情况是暂时的，而不是永久的。（这不是一成不变的，我也会想办法改变。）简而言之，韧性就是把我们的问题看成具体的、外在的和暂时的。很简单，对吧？如果你是水獭的话。

我只是来参加聚会的。

写在最后：我们能从水獭埃迪身上学到什么

……欢声笑语……百毒不侵，延年益寿。

——威廉·莎士比亚

水獭小知识： 水獭的平均寿命约为 10 ～ 15 年。若是被圈养，它们可以活得更久。水獭埃迪，俄勒冈动物园最臭名昭著的居民，活到了 20 岁的高龄。它最爱的消遣？篮球。

埃迪在 2018 年去世，那时它是世界上最受欢迎的水獭之一。为了治疗它肘部的关节炎，埃迪的护工给了它一个篮球筐，它扣篮的视频有近200万的浏览量。它参加其他自己喜欢的娱乐活动的视频也很受欢迎。“是的，那就是在动物园客人面前表现出强大‘自信’的埃迪”，动物园发言人在它死后确认道。

所以水獭的死亡哲学是什么呢？选择一种好的生活。这就差不多了。“及时行乐”成为水獭哲学的重要信条之一，这是有原因的。快乐和热情地过好每一天，因为我们都不知道接下来会发生什么。不管我们现在多么健康、基因多么好，总会有一些事情让我们走向终点，可能是环境的，可能是遗传的，也可能是一辆公共汽车。无论那是什么，保证寿终正寝的最好方法就是过好自己的生活。别太把自己当回事。

愿我们都能像水獭埃迪那样活着和死去。做让我们快乐的事，至于别人的期望，去他的吧。

结语
你这只水獭懂的！

水獭提醒我们真正的活着是什么感觉。观看水獭玩耍、转圈、扣篮和跳水，就是生活中简单的乐趣之一。看到一只动物如此真实的时刻——不害怕捕食者，不担心晚餐，不打架，不交配，不照顾幼崽，只是玩追逐游戏或摔跤，很容易就能看明白，健谈的小水獭和它的玩伴们是如何激发出一整套哲学的。

所以，我希望大家现在都明白，水獭哲学和“玩耍法则”能给我们这些不开心的工作狂人提供很多东西。也许从现在开始，你会让自己享受更多的乐趣。你会留意是否有淋湿和提问的机会，把握今天，放松一点。毕竟，你做到了。就在这本书的结尾，就在地球上的这一刻，你做到了！你还活着！还有什么更好的庆祝理由呢？你值得大笑、嬉闹、去歌咏会，你值得拥有爱意与善意。去吧，接受它，就是这样。现在把它扔到空中，轻轻咬一口，给它一个小小的拥抱，就是这样。因为那种非常严肃的生活实在是凄凉得无法想象。

总而言之，生命是短暂的，像水獭一样享受它吧。

水獭认可的事情，供今后参考

- 握手
- 吃五顿饭
- 拉钩
- 玩具弹簧
- 和朋友喝啤酒
- 野餐
- 爬树
- 用感叹号分隔文字
- 大大的微笑表情
- 唱卡拉 OK
- 水上公园
- 又大又软的毯子
- 寿司
- 美容护理
- 泥土
- 抱抱

- 用石头砸东西[1]
- 翻筋斗
- 打个盹
- 大笑
- 直接用手吃东西
- 酒吧轰趴

[1] 不是以连环杀手的方式。而是当作一次有趣的户外冒险。

一条鱼，一只海星，一个贝壳，去钓鱼。

水獭可不在乎什么规定，只要玩得开心就行。

致　谢

非常感谢我的经纪人尤安·索尔内克罗夫特，还有我的编辑莉迪亚·古德。感谢克莱尔·福克诺精彩的插图，也非常感谢哈珀柯林斯的优秀团队——我的文字编辑安妮，她把Z都改成了S，还有校对们、制作团队、推广、宣传和销售，以及每一个帮助这本书取得成功的书商和图书管理员。

作者和出版社不为本书内容中出现的任何错误和遗漏负责，也不为读者根据书中信息采取的任何行动所导致的后果负责。读者须自行承担这些行动带来的任何风险。本书不能替代医疗专业人士意见，读者在采取任何行动前应先行寻求专家的意见。

FONGHONG
凤凰联动出品